退休的貓侍衛
Retired Cat's Guard

圖文 beat

鯨嶼文化

妞妞離開後
「我再也不是原本的我」的感覺很強烈
被另一個生命好好愛過
心的溫度是完全不同的

那個感覺的質地會像樹根種進心裡
像北極星抬頭就能校正
即使愛你的生命已經不在
但那個質地會一直在

這本書 獻給妞妞
獻給一路相助的朋友
也獻給自己。

序

人生接近40歲時，我逐漸進入一種中年靈魂暗夜的狀態：身體、感情、創作都陷入低谷，我開始接觸一些不同以往經驗的療癒方式，包含回溯自己生命的經歷、重新理解身體疾病想傳達的訊息等等。

而隨之而來的，是長期感情關係的結束，貓的生病、離世，自己在這之中也生了兩次大病。

在這一連串看似難熬的人生關卡，實則是份「包裝得很醜的禮物」，而貓的安寧陪伴是這份禮物的重要拼圖。

25歲在台南唸研究所時，我領養人生第一隻貓「妞妞」，妞妞是隻虎斑貓，從小就有著公主般的個性：優雅聰明、敏感挑剔、撒嬌又有點黏人，對我而言，她一直是隻很完美的貓咪。

18年的貓生中，她陪我經歷20、30歲那個想成家、想用工作跟世界證明什麼的年紀，也陪我經歷兩段戀情的開始與結束。當會動物溝通的朋友開始幫她傳話時，我才發現她是比身邊任何人類都了解我的存在，包含她生病時朋友曾問會不會想再回到我身邊？

「不用了，他要去過新生活」她說。

這乍聽無情的答案，實則充滿深度理解的愛。

此時寫這篇序的我，已在過當初妞妞口中的新生活，有時仍有點不太相信，這彷彿看不到盡頭的長長黑夜真的走過了，而黑夜中顫抖走下的每一步，都變成新生活土壤裡的珍貴養分，也願這本書的出版，讓過去的經歷走得更遠。

註：書中的「妳、她」指稱「妞妞」，因為她對我而言是女生；而文中的「你、他」指稱的是我自己，因為從小到大都不想陷入性別二分的框架，中文又沒有非二元性別所使用的they，因此使用「你、他」作為不指涉任何單一性別的代稱。

Contents
目次

前言：

2020年夏天我結束一段14年的感情關係，
四個月後，養了17年的貓「妞妞」生重病，
一個會動物溝通的朋友問我：

「你有跟妞妞說不是她的錯嗎？」

於是貓與貓侍衛最後一段路的故事
就這麼開始……

2020.8.11

分手跟妳沒有關係

「以你們家這隻的個性，要把分手前後因果娓娓道來、長篇大論的交待噢。」從醫院把貓接回家後，朋友這樣叮嚀。

回家，我把貓抱上沙發。

「妞，跟妳說噢，我跟她分手真的跟妳沒有關係，妳還記得之前……」

一邊摸著貓，一邊開啟近 20 分鐘的細說從頭。

「所以妳看吧，跟妳真的沒關係。」

貓背對著我，偶爾輕微搖晃尾巴，到某個時間點，貓似乎覺得聽夠了，站起來跳下沙發，好幾天不願進食的她，緩緩往飼料碗前進吃了起來。

我都快哭了。

2020.9.10

吃藥

妞一直很難餵藥，過去每次遇到餵藥都會搞得關係緊張，不管怎麼口頭威脅或點心利誘。

這回看的是中醫，藥量與餵藥頻率都比之前更高，拿到藥袋時我心裡一沉，頓時眼前一片灰暗。

朋友要我跟妞溝通，必要時「可是妳這樣我很擔心妳」之類的情緒勒索可以派上用場，醫療計畫的部分也要好好交待，「年紀大了有時變化很快，但無論如何，話要說清楚。」

結果這次，妞不再如過去那麼用力抵抗，拿出餵藥器時也不逃，執行一陣子後，還會因為有點期待餵藥的「點心利誘」提醒我餵藥時間到了。

2021 2.9

返鄉

自從發現「貓其實聽得懂人話，是人聽不懂貓的話」
後，今年過年返鄉時，對妞改用「道德勸說」政策。

出發前妞妞又躲到很難抓的床底下，

我對著床底說：

「我要回去 7 天耶，那妳吃飯上廁所怎麼辦？」

「妳知道妳是不能沒有我這麼多天的吧？」

10 秒後，妞就一邊咕噥

一邊心不甘情不願的走出來了。

老貓真成熟。

你知道你是不能沒有我
這麼多天的吧？

2021.3.15

跟貓吵架

還是會忘記貓聽得懂人說話。

早上醒來，發現前一晚妞的罐頭沒吃完，一邊洗碗、
一邊氣噗噗的唸她浪費錢，魚都犧牲生命了還不珍惜
叭啦叭啦。

妞默默離開我往陽台走，望著窗外遲遲不吃早餐，這次我立馬意識到，並反省剛剛自己的情緒來源：

我意識情緒是來自貓之前生病帶來的陰影，以及目前經濟上有些壓力，然後想想，我其實不知道妞沒吃完飯的真正原因是什麼，也可能是牙齒在痛，也可能是嘔吐反胃，而且貓一直覺得自己為這個家付出很多、很辛苦，應該很介意我這樣說。

「好啦，我承認我其實不知道妳為什麼沒吃完飯，我不應該這樣說妳。」

「吃不完沒關係啦，換新的就好，之後我份量弄少一點，我知道妳都有為我著想，妳不要生氣了啦～」

然後貓就慢慢分批把早餐吃完了。

嗚嗚，為什麼我的人生要跟一隻貓進行這麼細緻的溝通。

吸

2021.4.16

千挑萬選逗貓棒

就你了！

挑盆栽

傍晚逛盆栽店。

想要造型好看、適合室內、好照顧、對貓無毒，選半天挑了酒瓶蘭，覺得他像爆炸頭髮的造型很可愛，結果帶回家後妞聞聞馬上一口咬下……啊，我忘記這種造型對貓很誘人了……

2021.4.29

妞又生病了，在醫院氣噗噗的做檢查打針，回家虛弱的窩著，去醫院好疲累，病因確認要更多的檢查，後續才是治療。

妞 18 歲了，我不斷想著對她得做什麼樣的努力或勉強才適當，也不確定是不是該跟前任說。想知道妞怎麼想，於是請朋友幫忙跟妞溝通：

「你盡力了，你也嘗試過了，我們在一起有一段很美好的時光。」

「我擁有你們彼此，你們也會一直擁有我。」

「我快要離開了，我的身體慢慢不行了，我並沒有把你丟下來，只是換了另種形式陪伴你。在你身邊，一直都在。」

「離開房間，走出去曬曬太陽，在我離開的時候，你可以帶著我的身體一起旅行。」

「你已經陪伴我很長的時間了。」

朋友說，妞需要我離開目前這個空間，就算是她離開了，我還是可以帶著她的骨灰一起去旅行，不要害怕。

我問妞還會希望我餵藥嗎？

「對於任何強迫的行為，她都不想要。」

「那妳有需要我們幫妳做什麼嗎？」朋友問妞妞。

「什麼都不需要，我已經什麼都有了。」

2021.5.1

用真心做選擇

家裡地上地毯變得很乾淨，為了可以隨時躺在地上陪妳。

我當然懂妳，就像妳懂我。不再去醫院試著釐清什麼，不是因為怯戰放棄，是因為知道18年的美好已足夠，選擇用妳想要方式離開，為這個選擇負起所有責任，這是我的勇敢，我會陪妳到最後。

2021.5.2

我能教他什麼呢

漸漸的變閒，妞妞需求越來越少，能做的事也越來越少，很多時候連陪都不用，就只是「在」。

從25歲養她後，生活好像沒有這麼清閒過，早上望著妞妞曬太陽的背影，身體越趨虛弱，態度安定。

「妞上次最後留給我的訊息是：我能給／教劉小圭什麼呢？」

朋友說動物在臨走前常會像個智者，事情看得很清楚，表達特別精闢。

「所以妞去年生病沒走，是因為知道那時的我可能無法承受嗎？」

「不然勒？」

「真的假的？」

「她覺得如果就這樣走掉你好可憐。」

「…………」

難怪過去強烈抗拒吃藥的她，竟然能配合一天吃兩顆藥，從去年吃到現在。

陪我走過人生精華時間裡兩段大低潮，妞知道現在的我即使再次落入水中，不會亂掙扎還向下沉，會知道方向，知道如何滑水踢腿的向光游。

2021.5.4

人生教練

我到底養了一隻什麼樣的貓？

這幾天妞妞好幾次在水碗前猶豫，一副想喝又不喝的樣子，我請朋友幫忙問：水怎麼了？結果得到這樣的回應：

「她要你自在。」

「她一直在等你準備好，準備好放下。」

「你一直盯著她看，看到她覺得『你需要找朋友嗎？』」
（煩人的看護臉）

當你正待在某個臨終情境裡悲傷春秋時，過去那隻黏人撒嬌小公主，突然搖身一變成為智者，幾句話就把身陷在恐懼與憂傷情緒大海裡的你撈出來，說她在等你「做你的功課」。

顯然這個安寧故事不會是我放下手邊一切（包括我的需求）去照顧一隻即將離世的貓，而是我現在就必須練習把重心回到自己身上；現在就要練習看到、穿越這一切引發的恐懼，而不是在她離開後。

「她自己喜歡身體這種慢慢輕盈的感覺，好像可以讓靈魂慢慢地學習、自由地飛。」朋友說。

妞妞正在用她最後的生命，為我安排一段身心鍛鍊，鍛鍊我必須用不一樣的視野看待正在發生的一切。

我在等你準備好。

2021.5.6

奇怪的功課

關於一隻貓的美感品味。

「你有給妞看過你畫的她嗎？」

「咦，我沒想過她會想看耶。」

興沖沖地寫生後把圖拿給她看，換得一副興趣缺缺、不如繼續休息的眼神⋯⋯

「幫她畫優美一點的吧，不要可愛似顏繪，她是公主，喜歡優美。」朋友說。

硬著頭皮，換了畫具，努力幻想自己是鐵達尼號沉船前的傑克畫著蘿絲。

總算，妞願意多看幾眼了⋯⋯

妞

2021.5.6

2021.5.8

專心當下

妞妞不再進食只喝水,一步步清空自己身體,需要摸摸梳梳的時間也變很少,大多時候她都獨自準備登出自己身體的程序,一切變得很簡單,簡單到我幾乎無力可施。

內心戲很多的看護

面對死亡，我的腦袋會不自主一直處在過去與未來，回想往日時光、想像未來失去的恐懼，沉浸各種相關劇情與觸發的情緒，猛然回神，看到眼前的貓繼續在登出程序的神情，她沒有要陪你演，她只是專心在現在。

晚上她走出來，討摸摸梳梳的時間，不久後她又開始出現不適症狀。

「啊，看來還是要把注意力放在自己身上會比較舒服。」

看著她講完這句話後，發現自己背上也中了一把箭。

2021.5.12

一天最開心的時間

重新坐回書桌拿起畫筆。

妞妞真的用這段時間訓練我，我越來越能想像沒有她的日子。

「每天都有為自己煮咖啡嗎？」

朋友問。

「有啊，怎麼了？」

「很好。」

「咦？好在哪？」

「妞就說好，也許是日常家居氣氛吧。」

29 歲研究所畢業後，我一直以接案的方式工作生活，而一天之中我最喜歡的，就是早午餐的咖啡時間。

走過 30 幾歲，想用忙碌工作向世界證明自己的年紀，能讓思想、靈感在咖啡香中緩緩展開，能在一天之初有這分自由、深度與從容，是現在日常生活裡十分珍惜的事。

2021.5.14

觸摸的療癒

我想每個人跟寵物的道別，都有屬於自己的功課。而
我的其中一項是：分辨腦跟心為自己帶來怎樣不同的
狀態？

妞妞停止進食的第 7 天，早上忽然爬上床叫我，露出想吃東西的神情，一直沒事做的看護又重拾久違的任務，雖然妞只吃了幾口，但她肢體明顯比較放鬆，討摸討拍的時間變多了。

朋友說妞妞現在的痛感比較少，比較多是疲累，然後有些地方漸漸爬不上去了。

「你摸她時有試著癒療她的身體痛苦，是嗎？她說當下會覺得身體沒有那麼緊繃。」

「有啊，我會想這樣能不能讓她舒服一點，天啊，她真的感覺得到耶。」

我說之前一邊摸，腦中會一邊不斷編織好多種恐懼故事，然後就會摸得一把鼻涕、一把眼淚的。

現在的我，因為恐怖故事也演得差不多，劇情開始重複，所以將更多注意力放在感受有她的生活，以及希望她能輕鬆地走的心意，那個療癒感反而就出現了……

平靜的餘裕

不知道為何,這幾天妞的食慾越來越好,眼前出現她久違的討食臉,吃完飯還能洗臉的畫面。

於是寵物用品店又重回我出門的固定行程,我把店架上妞可能有興趣的肉泥幾乎都搜刮回家,回家一字排開感覺自己像貓的肉泥大亨。

隨著精神變好,她的表情也有變化,從病危的成熟睿智,又逐漸恢復過往的撒嬌孩子氣。

一切像回到過去平靜作伴的生活,但彼此知道已經不同了,包括心裡深處好像有什麼地方變「結實」的感受。

趁著現在平靜帶來的餘裕,再次調整各自節奏,不花太多精力去預期無法預期的事。

2021.6.6

疫情·斑鳩·植物
與自癒的貓

疫情進入三級警戒這段時間，妞妞從恢復吃流質肉泥到恢復吃罐頭，再到生氣時有力氣咬我、有力氣碎念抱怨，不像病危時那麼字字珠璣。

我搞不懂是什麼讓她自癒了，反正就是欣然收下這個超棒禮物。

陽台多了食客，幾隻斑鳩養成默契的天天來吃飯，
跟我一起吃有機糙米，漸漸吃成胖斑鳩，有時吃完
還會在欄杆上打瞌睡。

一直是黑手指的我開始研究園藝，植物室友轉眼
多了好幾盆，據說這種室友成長速度會跟疫情警
戒程度成正比，我們拭目以待。

2021.6.15

腦波控制

早晨，妞在等我起床，我在床上抱著枕頭酣眠。

半夢半醒間，腦中浮現一個大鮪魚罐頭的特寫畫面，啪一聲打開，湯匙伸進去挖，有種拍廣告的誘人感。

突然回過神，難道這就是所謂的動（ㄎㄨㄥˋ）物（ㄓˋ）溝（ㄋㄠˇ）通（ㄆㄛ）嗎⋯

我看妞，妞看我，激動的叫了幾聲，走向房門外。

於是今天幫貓弄了大份早餐。

2021.7.16

植物室友

貓是怎麼看待疫情下突然暴增的植物室友呢？

現在早上起床後的例行事務，除了餵貓，還多了到陽台照顧植物，我跟朋友說妞妞會對著陽台叫，似乎有所抱怨的樣子。

朋友說，要我好好介紹他們給彼此認識，而且要跟新植物室友們說：「她是妞妞姊姊。」

「她是妞妞姊姊，她是這個家裡最資深的，她知道這個家的所有事，你們有什麼事可以問她噢。」

跟妞妞介紹完每個植物室友的小名後，我這樣對植物們說。

然後妞妞就沒有對著陽台抱怨了。

大家都要
叫妞妞姊姊喔

2021.8.10

優雅老去

「妞妞姊姊」近期精神ok，但行動漸漸不方便，於是家中開始設置各種階梯，方便她上下。

我有空就提供摸摸與按摩服務，或當「人肉無線充電盤」。

看她越來越歪斜顛簸的姿態，身體有些地方也舔不太到了，但神情依舊聰明優雅，完全沒有行動不便帶來的慌張或狼狽感，真心覺得人會崇拜貓不是沒有道理的，希望自己未來也能這樣優雅的老去。

各種階梯

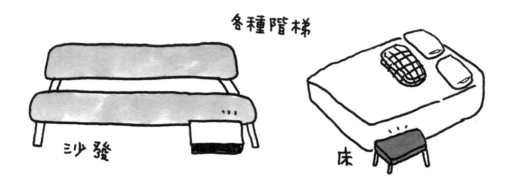

沙發　　　　　　　床

老貓宿舍的日常

人肉無線充電盤

2021.8.10

告狀

接近就寢時間手機突然響起。

「你前天怎麼了嗎?」接起電話的朋友劈頭問。

「嗯?前天嗎⋯⋯應該說這幾天陸續有發生一些事⋯⋯」(省略事件800字)

「妞妞前天就丟我『小紙條』要我打電話關心你。」

「但我這幾天很忙耶,結果她今天又丟一次,我只好迅速晾完衣服⋯⋯」

當你的貓發現你有會動物溝通的朋友,私生活真是變得有點透明呢。

2021.8.27

你會想記住我什麼呢

這一個月妞把自己進入一種「省電模式」，行動不方便，吃得越來越少，瘦瘦的，但精神依舊清晰。

有了上回經驗，身為照顧者心理拉扯也越來越少，不那麼糾結吃不吃、吃多少，只想吃肉泥就都吃肉泥吧，反正就是一種老娘都活了這麼久想幹嘛就幹嘛的理直氣壯。

昨晚朋友電話又打來：

「妞丟小紙條給妳噢！」

「我其實好想睡覺還是要打電話……但這次只有短短的一句，就是『你會想記住我的什麼呢？』」

「當然是美貌啊，哈哈哈。」

「好啦，我會想記住被一隻氣質這麼好的貓咪好好愛著的感受。」

電話掛下後我對妞這麼說。

貓侍衛終生成就獎

是...

我很滿意現在的生活

朋友再度收到「小紙條」：

「她說她很滿意現在的生活。」

「咦？」

「你最近有做什麼嗎？」

「欸……昨天移動傢俱、這幾天有找到她喜歡的罐頭……？」

覺得自己好像得到什麼「貓侍衛的終生成就獎」，看著走路明明一拐一拐、大部分時間都躺著休息的她，卻很滿意現在的生活，想想也許是人生與貓生走到這階段後，充分知道彼此心意帶來相處的品質吧。

「妞真的很有趣，她好像老師噢。」朋友說。

我想妞應該覺得把我調教得挺不錯的吧。

2021. 10. 8

照顧好自己

這是妞妞第三次停止進食,雖然我對於妞停止進食的焦慮比前幾次低很多,但看著她瘦弱搖晃的身軀,我想知道現在她怎麼想。

朋友說,妞就像那種掛心還沒嫁孫女而硬撐著身體的老奶奶。

「你要讓她知道,你已經可以照顧好自己。」

「讓她知道你有幾個好朋友,而且你也學會了求救。」

我意識到,原來我們是這樣彼此擔心來擔心去的,頭上對失去的恐懼烏雲就鬆動了,突然覺得有力量,好像可以來做點什麼,例如執行一個叫「讓貓相信我會照顧好自己」的計畫。

2021.10.11

整理空間

妞停止進食超過一週，除了水與摸沒有其它需要，貓侍衛例行工作變得更精簡，沒有餵藥灌食，頂多擦擦嘔吐物，清不小心沾到的毛，然後每天凌晨都會在擔心中醒來起床找貓，發現貓還ok，就覺得又賺到一天。

聽朋友建議開始清理家裡，說空間整理也許能讓她放心。昨天清的是工作的工具與手稿，經歷一些人生轉折，對什麼該留該走的眼光真的會不同，想留的東西越來越少，因為了解真正重要的並不是那些物品，而是我這個人。

而這過程妞妞在空間的不同角落輪流靜靜躺著，好像真的有在監督似的⋯⋯

2021.10.18

妳還在擔心什麼呢

貓停止進食兩週。

「妳還在擔心我什麼呢?」我對妞說。

「妳知道我不會有完全準備好的一天吧?」

「妳是不是擔心我會難過到很絕望?妳離開後我一定會難過,但我現在也知道不會一直都這麼難過,難過會過去的。」

一把鼻涕、一把眼淚中我起身拿衛生紙,心情隨之轉換,重新感覺到自己在呼吸。

「妳知道眼淚有很多種,難過會掉眼淚,感動會掉眼淚,難過又感動也會掉眼淚,無論如何,想起妞妞的眼淚都不會只有難過。」

稍晚朋友傳訊息來：

「她說，我準備要離開了。」

「歎一口氣（感覺比較像鬆一口氣），沒什麼力氣，
想睡覺。」

「她說，你很棒，你長大了。」

對彼此誠實

妞已失去行動能力，貓砂也無力去上，我在地上鋪尿布與大毛巾，晚上開始在附近打地舖睡。

這天深夜，妞整夜急促呼吸聲，聽了很難受，她不斷嘗試爬起來，又再摔回地上，我發現她邊爬邊摔是為了朝我移動，趕緊過去把她拉到身邊。

發現面對她的痛苦，自己變得非常焦慮脆弱，很害怕又捨不得，好難好難熬的一夜……

天亮了，起身確定她還有呼吸起伏，「看妳這樣我真的好捨不得，如果妳有辦法走，就走好嗎？」我說。

決定出門吃個早餐轉換心情，感覺自己在緊繃邊緣，傳訊息給朋友求救，朋友說有東西要給我，於是往她家移動。

84

「你慌了嗎？」朋友問。

「對啊。」我說。

「你感覺到焦慮可以跟她說。」

「你要對她誠實，這是你們共同走過這一段路的基礎。」

「沒有人可以完全準備好面對這些，而且你又不是專業的。」

「你有陪她，她也是為了安慰你才向你走過去的。」

「你們真的很像。」

朋友說妞現在像回到幼貓狀態，行動身不由己，貓原本的身體是柔軟得隨時可做瑜伽，現在變這樣不習慣會跌跌撞撞也是可以理解的。還告訴我妞喜歡家裡哪個地方，她喜歡乾淨，不用餵水只要保持鼻子濕潤，以及可以幫她按摩舒展四肢等等……

朋友給我三個小沙包，要我拋接玩玩看，我試了幾次，有點笨拙慌亂，但朋友說我挺有潛力的。

「丟高一點，但不用向上看，專心接就好。」

經過這個提醒，我的姿勢馬上從慌亂變得優雅許多，雖然沙包還是沒有都接到，但也發現這遊戲與自己處境的雙關性⋯⋯。

離開朋友家，像吃了定心丸變得有方向感，計畫著接下來可以做什麼。回到家，我先把癱軟的妞抱往貓砂盆，想看她是否想上廁所，抱等了一陣，移開時卻發現她的尿還在滴，我趕緊把她移回貓砂盆，但她隨即抽蓄起來，我一手捧著她的頭，一手托著她的屁股，不知該怎麼辦，看著她不斷抽蓄、倒抽氣，我才意識最後的時刻已到來⋯⋯

最後妞在我的雙手中逐漸離去，時間是中午 12 點多，窗外陽光燦爛。

「我們都畢業了。」幾個月來心中的大石頭落下。

2021.10.20

平淡

The Last Night

恍神一陣，決定打電話給朋友。

我說妞妞走了，她說她知道，說妞妞很輕鬆，還說妞覺得我準備好了，也蠻滿意我從她家離開的狀態，陪我聊了一陣。

妞說身體可以再留一陣，現在到明天火化前，要像一部我很喜歡的紀錄片《起司與蟲》那樣平淡度過，我們日常陪伴彼此的方式，就是最好的告別方式，不需借用任何不熟悉的儀式。

於是，從白天到黑夜，我把自己與妞在家裡不同空間輪流移動，邊摸她邊跟她說話，晚上還寫一封告別信唸給她聽，家裡則反覆播著告五人的那首〈溫蒂公主與侍衛〉。

2021.10.20

最初與最終

決定挑一罐包裝有公主感的茶葉，罐子裝骨灰，茶葉還可以留著喝。

Y問我火化需不需要陪，我說好，Y踏入我家，一樣故意大聲的跟妞妞打招呼，往日的惡作劇也變成告別的一部分。

妞的身體要進焚化爐前，工作人員要我們轉身過去，我靜靜看著眼前的庭院綠意盎然，耳朵聽著後方機器運作的聲音。

回到等候區，冷卻、磨粉、裝袋、付款、和ㄚ午餐，然後獨自回家。將茶葉罐擺在櫃子上，布置妞的新位置，點蠟燭、照張相，把照片傳給朋友。

「這照片令人看了有一絲酸楚。」朋友說。

「妞的愛和你的愛真的好大，她一直記得你們最初相遇與相處的時刻，很多的浮光掠影，都很美。」

「希望這些單純美好永遠陪伴你，溫暖滋養你的心。」

我最好的朋友

2021.10.28

七天

七天，妞妞離開那天烘的咖啡豆今天剛好可以喝了。

卸下18年貓侍衛身分的日子每天都有那麼點怪怪的，也發現自己因養貓而產生的生活習慣真是細微到驚人，例如睡覺不關房門、地上有碎屑自動化立馬撿拾的動作、水槽髒碗不過夜等等，於是在這週許多的第一次體驗裡，也包含試著把髒碗放到隔天看看是什麼感覺……

我曾跟朋友提到自己有點像那種小孩上大學的空巢期父母，朋友問了我兩個問題：

「你會給空巢期父母什麼建議呢？」

「多培養其它興趣吧。」

「那當時離家上大學時的你，覺得最需要父母給你什麼呢？」

「自由吧。」

一切就這麼盡在不言中。

妞教練

我還在習慣沒有妳的每一天，
但我覺得妳把我教得很好。

83/100 妞

去旅行

「離開房間，走出去曬曬太陽，在我離開的時候，你可以帶著我的身體一起旅行。」

妞妞登出她的身體兩週後，退休貓侍衛依約提著行李去旅行，這是18多年來，第一次不用擔心貓的旅行。

2021.12.28

退休福利

這個冬天，終於輪到我在暖氣的第一排。

獨享暖氣的冬天...

再見2021

故事開始是20幾歲的我,想建立屬於自己版本的家,然後遇到了妳,陪我走過人生很精華的一段時光。

那個版本的家在這幾年走到盡頭,妳是最後離去的,也許如此妳才這麼放心不下吧?但妳也成功的讓失去變成愛的功課,而不是創傷的入口。

有人說我們很像，我猜是平時看似柔弱，但在關鍵時會突然像開外掛的獨立堅定，堅定到乍看有點無情。

在彼此旅途岔路即將來臨時，在陪伴與放手的拿捏中，有份深深理解與愛作為指南針。因為如此，才能懂得在做選擇時不被害怕牽著鼻子走，因為如此，當陷入看不到盡頭的長夜時不輕易放棄自己，因為如此，妳離開後我不真的孤單，因為我已嚐到讓真心當靠山的滋味。

在這個總是冷不防就淚眼模糊的冬天，腦海最常重複的一段話是：「能哭就能愛，不怕哭就不怕再愛。」

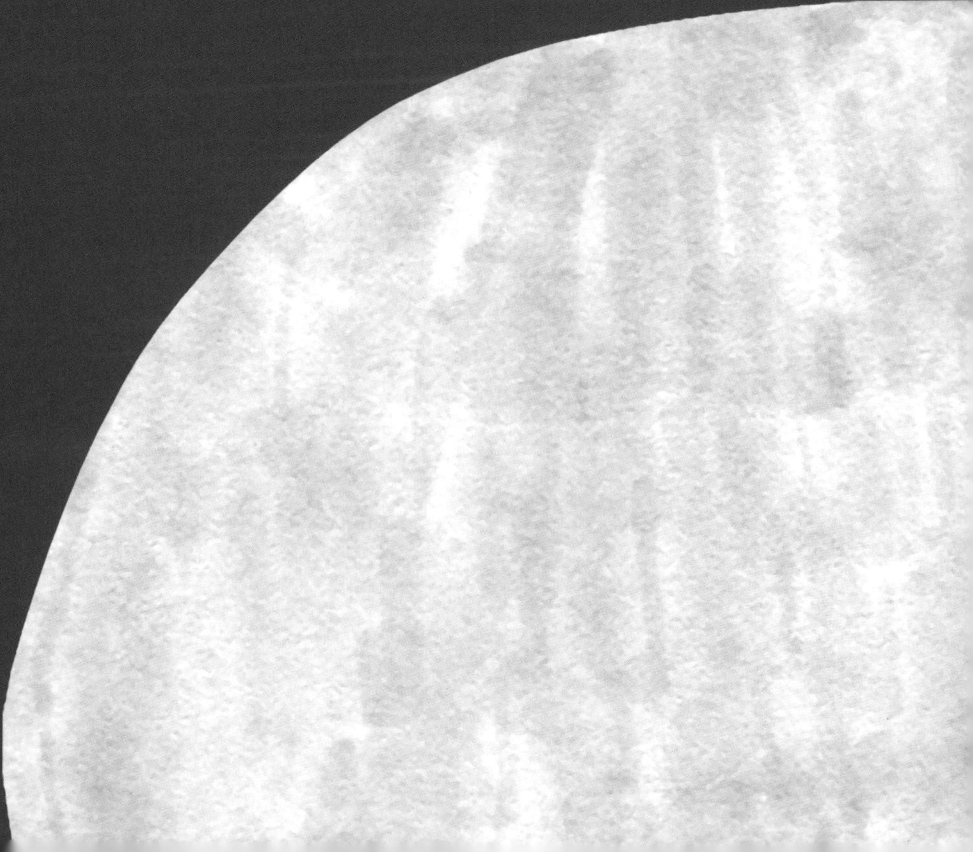

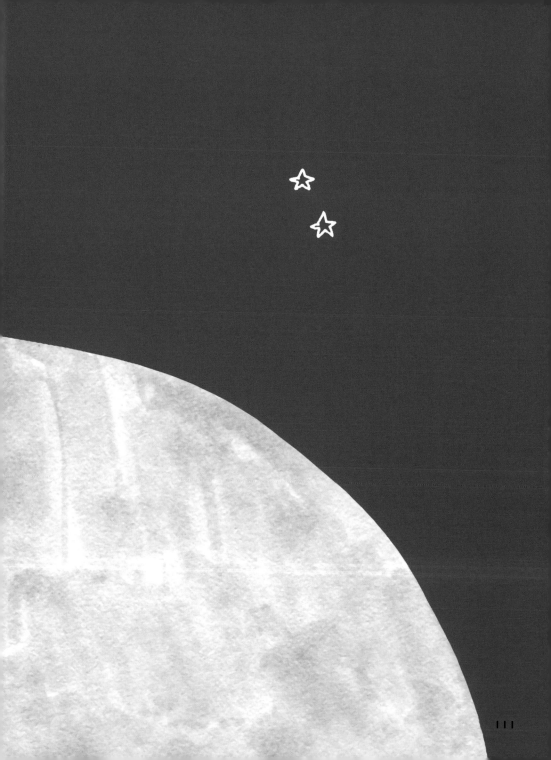

後記：

2022年春天，我遇見喜歡的女生，
忐忑要告白的晚上，
那首「溫蒂公主與侍衛」在巧妙的時間點響起，
我感覺重要時刻妞妞依舊沒缺席。

後來我們在同年夏天結了婚。

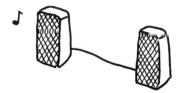

附錄

相片集 —— 我與妞妞

陽台的食客

最後的陪伴

妞妞公主與侍衛

致有貓的日子。

2003—2021

ROCK!!

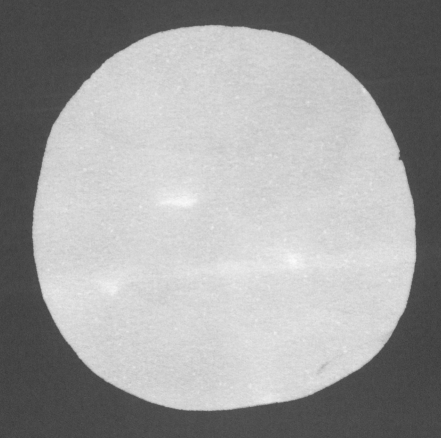